SUKEN NOTEBOOK

JN132664

チャート式
解法と演習　数学B

完 成 ノ ー ト

【数　列】

本書は，数研出版発行の参考書「チャート式 解法と演習　数学Ⅱ＋B」の
数学Bの　第1章「数列」
の例題とPRACTICEの全問を掲載した，書き込み式ノートです。
本書を仕上げていくことで，自然に実力を身につけることができます。

$$\boxed{目 \quad 次}$$

第1章　　数 列

1．等差数列

基本 例題 1

(1)　次の等差数列の一般項 a_n を求めよ。

　(ア)　20, 15, 10, ……

　(イ)　初項が -6，第 6 項が 14

(2)　第 3 項が 70，第 8 項が 55 である等差数列 $\{a_n\}$ について

　(ア)　この数列の一般項を求めよ。

　(イ)　19 は第何項か。また，第何項が初めて負の数になるか。

PRACTICE (基本) **1** (1)　次の等差数列の一般項を求めよ。

(ア)　$1,\ -\dfrac{1}{2},\ -2,\ -\dfrac{7}{2},\ \cdots\cdots$

(イ)　$p+1,\ 4,\ -p+7,\ -2p+10,\ \cdots\cdots$

(2)　第 9 項が 26，第 18 項が 53 である等差数列において，134 はこの数列の第何項か。また，第何項が初めて 1000 を超えるか。

4

(1)　第 n 項が $4n+5$ である数列は等差数列であることを証明し，その初項と公差を求めよ。

(2)　一般項が $a_n=3n+2$ である数列 $\{a_n\}$ に対し，偶数番目の項を取り出した数列 a_2，a_4，a_6，……を $\{p_n\}$ とする。このとき，数列 $\{p_n\}$ は等差数列であることを示せ。また，等差数列 $\{p_n\}$ の初項と公差をいえ。

PRACTICE (基本) **2**　(1)　第 n 項が $5n+1$ である数列は等差数列であることを証明し，その初項と公差を求めよ。

(2) 一般項が $a_n = -2n + 3$ である数列 $\{a_n\}$ に対し，奇数番目の項を取り出した数列 a_1, a_3, a_5, …… を $\{p_n\}$ とする。このとき，数列 $\{p_n\}$ は等差数列であることを示せ。また，等差数列 $\{p_n\}$ の初項と公差をいえ。

基本 例題 3

等差数列をなす 3 数があって，その和は 15 で，積は 45 である。この 3 数を求めよ。

PRACTICE (基本) **3**　等差数列 a_1, a_2, a_3 は，$a_2 = 5$, $a_1 a_2 a_3 = 80$ を満たす。このとき，

$a_1 = $ ⁷ $\boxed{}$ ，公差は ⁱ $\boxed{}$ ，または $a_1 = $ ⁰ $\boxed{}$ ，公差は $-$ ⁱ $\boxed{}$ である。

基本 例題 4

次のような和を求めよ。

(1) 等差数列 -20, -18, -16, ……, 28 の和

(2) 初項 2，公差 -3 の等差数列の初項から第 n 項までの和

(3) 第 10 項が 35，第 24 項が 91 の等差数列の第 15 項から第 40 項までの和

PRACTICE (基本) **4** 次のような和を求めよ。

(1) 等差数列 $\dfrac{1}{3}$, $\dfrac{5}{3}$, 3, ……, 27 の和

(2) 初項 -6, 公差 -8 の等差数列の初項から第 n 項までの和

(3) 第 5 項が 2, 第 36 項が -60 の等差数列の第 19 項から第 51 項までの和

基本 例題 5

1 から 200 までの整数のうち，次のような数の和を求めよ。

(1)　4 で割って 1 余る数

(2)　4 の倍数または 6 の倍数

PRACTICE (基本) **5**　1 から 100 までの整数について，次の数の和を求めよ。

(1)　5 で割って 2 余る数

(2)　3 で割り切れない数

(3)　3 の倍数または 5 の倍数

基本 例題 6

初項 51，公差 -4 の等差数列 $\{a_n\}$ において

(1) 第何項から負の数となるか。

(2) 初項から第何項までの和が最大となるか。また，その最大値を求めよ。

PRACTICE (基本) **6**　初項 77，公差 -5 の等差数列 $\{a_n\}$ において

(1)　第何項から負の数となるか。

(2)　初項から第何項までの和が最大となるか。また，その最大値を求めよ。

重要 例題 7

一般項が $7n-2$ である等差数列を $\{a_n\}$, 一般項が $4n-1$ である等差数列を $\{b_n\}$ とする。$\{a_n\}$ と $\{b_n\}$ に共通に現れる数を小さい順に並べてできる数列 $\{c_n\}$ の一般項を求めよ。

PRACTICE (重要) **7** 一般項が $5n+4$ である等差数列を $\{a_n\}$, 一般項が $8n+5$ である等差数列を $\{b_n\}$ とする。$\{a_n\}$ と $\{b_n\}$ に共通に現れる数を小さい順に並べてできる数列 $\{c_n\}$ の一般項を求めよ。

重 要 例題 8 　　　　　　　　　　　　　　　　　　　　　□ ▷ 解説動画

4 と 25 の間にあって，11 を分母とする既約分数の総和を求めよ。

PRACTICE (重要) 8 　(1)　1 と 100 の間にあって，3 を分母とする既約分数の総和を求めよ。

(2) 1 と 10 の間にあって，素数 p を分母とする既約分数の総和が 198 であるとき，p の値を求めよ。

2．等比数列
基 本 例題 9

次の等比数列の一般項 a_n を求めよ。ただし，(3) の数列の公比は実数とする。

(1) $-3,\ 6,\ -12,\ \cdots\cdots$

(2) 公比 $\dfrac{1}{2}$，第 5 項が 4

(3) 第 2 項が -6，第 5 項が 162

PRACTICE (基本) **9**　次の等比数列で，公比は実数とする。指定されたものを求めよ。

(1)　初項が -128，第 6 項が 4 のとき，公比

(2)　第 3 項が 72，第 6 項が 243 のとき，初項と公比

(3)　第 2 項が 6，第 6 項が $\dfrac{2}{27}$ のとき，一般項

基本 例題 10

3 つの実数 a, b, c に対して，$a+b+c=39$，$abc=1000$ とする。数列 a, b, c が等比数列である
とき，a, b, c の値を求めよ。

PRACTICE (基本) **10**　異なる 3 つの数 6, x, $2x-6$ がある順序で等比数列になっている。このとき，
x の値を求めよ。

基本 例題 11

解説動画

(1) 初項 3，公比 4，項数 n の等比数列の和を求めよ。

(2) 等比数列 1, a, a^2, …… の初項から第 n 項までの和を求めよ。

(3) 等比数列 27, 9, 3, …… の第 6 項から第 10 項までの和を求めよ。

PRACTICE (基本) **11** (1) 等比数列 $3,\ 9a,\ 27a^2,\ \cdots\cdots$ の初項から第 n 項までの和を求めよ。

(2) 等比数列 $512,\ -256,\ 128,\ \cdots\cdots$ の第 11 項から第 15 項までの和を求めよ。

基本 例題 12

□ 解説動画

(1) 公比が -3，初項から第 6 項までの和が 728 の等比数列の初項を求めよ。

(2) 初項が 2，公比が 3，和が 242 である等比数列の項数を求めよ。

(3) 初項 a，公比 r がともに実数の等比数列について，初項から第 n 項までの和を S_n とすると，$S_3 = 3$，$S_6 = 27$ であった。このとき a，r の値を求めよ。

PRACTICE (基本) **12** (1) 第 3 項が 12, 第 6 項が −96 である等比数列 (公比は実数) において, 第 $\boxed{}^{\text{ア}}$ 項は 3072 であり, 初項から第 $\boxed{}^{\text{イ}}$ 項までの和は 513 である。

(2) 実数 $r>0$ を公比とする等比数列 $a_n = ar^{n-1}$ $(n=1, 2, \cdots)$ において，初項から第5項までの和は 16 で，第6項から第10項までの和は 144 である。このとき，第11項から第20項までの和を求めよ。

基本 例題 13

毎年度初めに a 円ずつ積み立てると，n 年度末には元利合計はいくらになるか。年利率を r，1 年ごとの複利で計算せよ。

PRACTICE (基本) **13** (1)　年利率 5 % の 1 年ごとの複利で，毎年度の初めに 20 万円ずつ積み立てるとき，元利合計は，7 年度末には ☐ 万円となる。ただし，$1.05^7 = 1.4071$ とし，1 万円未満は切り捨てよ。

(2)　毎年度初めに等額ずつ積み立てて，5 年度末に 100 万円にしたい。毎年度初めに積み立てる金額をいくらにすればよいか。年利率 2 %，1 年ごとの複利として計算せよ。ただし，$1.02^5 = 1.10$ とし，100 円未満は切り上げよ。

重要 例題 14

初項 1 の等差数列 $\{a_n\}$ と初項 1 の等比数列 $\{b_n\}$ が $a_3=b_3$, $a_4=b_4$, $a_5 \neq b_5$ を満たすとき, a_2, b_2 の値を求めよ。

PRACTICE (重要) **14** 初項 4 の等差数列 $\{a_n\}$ と初項 4 の等比数列 $\{b_n\}$（公比は実数）が $a_5=b_5$, $a_{69}=b_9$, $a_3 \neq b_3$ を満たすとき，一般項 a_n, b_n を求めよ。

重要 例題 15

数列 $\{a_n\}$ は初項 1，公比 5 の等比数列である。$a_1+a_2+\cdots\cdots+a_n \geqq 10^{100}$ を満たす最小の n を求めよ。ただし，$\log_{10}2=0.3010$ とする。

PRACTICE (重要) **15** 第 3 項が $\dfrac{9}{8}$，第 6 項が $\dfrac{243}{64}$ である等比数列の第 n 項を a_n，初項から第 n 項までの和を S_n とする。a_n および S_n を n の式で表せ。また，$S_n \geqq 9999$ となる最小の自然数 n を求めよ。必要なら，$\log_{10} 2 = 0.3010$，$\log_{10} 3 = 0.4771$ を用いてよい。ただし公比は実数とする。

3．種々の数列

基本 例題 16

次の和を求めよ。

(1) $\displaystyle\sum_{k=1}^{n} k(k^2+1)$

(2) $\displaystyle\sum_{k=1}^{n} (3nk+k^2)$

(3) $\displaystyle\sum_{k=5}^{14} (2k-9)$

PRACTICE (基本) **16** 次の和を求めよ。

(1) $\displaystyle\sum_{k=1}^{n}(3k^2+k-4)$

(2) $\displaystyle 4\sum_{i=1}^{n}i(i^2-n)$

(3) $\displaystyle\sum_{k=4}^{15}(k^2-6k+9)$

基 本 例題 17

次の数列の初項から第 n 項までの和 S を求めよ。

(1)　$1 \cdot 1,\ 2 \cdot 4,\ 3 \cdot 7,\ 4 \cdot 10,\ \cdots\cdots$

(2)　$2,\ 2+6,\ 2+6+18,\ 2+6+18+54,\ \cdots\cdots$

PRACTICE (基本) **17** 次の数列の初項から第 n 項までの和を求めよ。

(1) $3^2,\ 6^2,\ 9^2,\ 12^2,\ \cdots\cdots$

(2) $1 \cdot 5,\ 2 \cdot 7,\ 3 \cdot 9,\ 4 \cdot 11,\ \cdots\cdots$

(3) $2,\ 2+4,\ 2+4+6,\ 2+4+6+8,\ \cdots\cdots$

基本 例題 18

次の数列の和を求めよ。

$$1 \cdot (n+1), \quad 2 \cdot n, \quad 3 \cdot (n-1), \quad \cdots\cdots, \quad (n-1) \cdot 3, \quad n \cdot 2$$

PRACTICE (基本) **18** 次の数列の和を求めよ。

$$1^2 \cdot n, \quad 2^2(n-1), \quad 3^2(n-2), \quad \cdots\cdots, \quad (n-1)^2 \cdot 2, \quad n^2 \cdot 1$$

34

基 本 例題 19

次の数列 $\{a_n\}$ の一般項 a_n を求めよ。

(1) 8, 15, 24, 35, 48, ……

(2) 5, 7, 11, 19, 35, ……

PRACTICE (基本) **19** 次の数列の第 n 項を求めよ。また，初項から第 n 項までの和を求めよ。

(1) 1, 7, 17, 31, 49, ……

(2) 1, 4, 10, 22, 46, ……

基本 例題 20

初項から第 n 項までの和が $2n^2-3n$ である数列 $\{a_n\}$ の第 n 項 a_n を求めよ。

PRACTICE (基本) **20** 初項から第 n 項までの和 S_n が次の関係式を満たすような数列 $\{a_n\}$ の一般項 a_n を求めよ。

(1) $S_n = 2n^2 + n$

(2) $S_n = 5^n - 1$

(3) $S_n = 3n^2 - 2n + 1$

基本 例題 21

数列 $\dfrac{1}{2 \cdot 5}$, $\dfrac{1}{5 \cdot 8}$, $\dfrac{1}{8 \cdot 11}$, …… の初項から第 n 項までの和を求めよ。

PRACTICE (基本) **21**　次の数列の初項から第 n 項までの和を求めよ。

(1)　$\dfrac{2}{1 \cdot 3}$,　$\dfrac{2}{3 \cdot 5}$,　$\dfrac{2}{5 \cdot 7}$,　……

(2)　$\dfrac{1}{1 \cdot 5}$,　$\dfrac{1}{5 \cdot 9}$,　$\dfrac{1}{9 \cdot 13}$,　……

基本 例題 22

一般項が $(2n-1) \cdot 3^{n-1}$ で表される数列の初項から第 n 項までの和

$$S = 1 \cdot 1 + 3 \cdot 3 + 5 \cdot 3^2 + \cdots\cdots + (2n-1) \cdot 3^{n-1}$$

を求めよ。

PRACTICE (基本) **22** (1) 和 $1 \cdot 1 + 4 \cdot 2 + 7 \cdot 2^2 + \cdots + (3n-2) \cdot 2^{n-1}$ を求めよ。

(2) 和 $1 \cdot 5 + 2 \cdot 5^2 + 3 \cdot 5^3 + \cdots + n \cdot 5^n$ を求めよ。

基本 例題 23

1 から順に自然数を並べて，下のように 1 個，2 個，4 個，…… となるように群に分ける。
ただし，第 n 群が含む数の個数は 2^{n-1} 個である。

$$1 \mid 2, \ 3 \mid 4, \ 5, \ 6, \ 7 \mid 8, \ \cdots\cdots$$

(1) 第 5 群の初めの数と終わりの数を求めよ。

(2) 第 n 群に含まれる数の総和を求めよ。

PRACTICE (基本) **23** 正の奇数の列を次のように，第 n 群が $(2n-1)$ 個の奇数を含むように分ける。

1 | 3, 5, 7 | 9, 11, 13, 15, 17 | 19, 21, 23, 25, 27, 29, 31 | ……

(1) 第 10 群の最初の奇数を求めよ。

(2) 第 10 群に属するすべての奇数の和を求めよ。

重要 例題 24

数列 $\dfrac{1}{1}$, $\dfrac{1}{2}$, $\dfrac{3}{2}$, $\dfrac{1}{3}$, $\dfrac{3}{3}$, $\dfrac{5}{3}$, $\dfrac{1}{4}$, $\dfrac{3}{4}$, $\dfrac{5}{4}$, $\dfrac{7}{4}$, $\dfrac{1}{5}$, …… について

(1) $\dfrac{5}{8}$ は第何項か。

(2) この数列の第800項を求めよ。

(3) この数列の初項から第800項までの和を求めよ。

PRACTICE (重要) **24** 数列 $\dfrac{1}{2}$, $\dfrac{1}{3}$, $\dfrac{2}{3}$, $\dfrac{1}{4}$, $\dfrac{2}{4}$, $\dfrac{3}{4}$, …… について $\dfrac{37}{50}$ は第何項か。また，第1000

項を求めよ。

重 要 例題 25

次の数列の一般項を求めよ。

$$-3, \ 2, \ 19, \ 52, \ 105, \ 182, \ 287, \ \cdots\cdots$$

PRACTICE (重要) **25**　数列 1, 17, 35, 57, 87, 133, 211, …… の一般項を求めよ。

重要 例題 26

次の和を求めよ。ただし，(2) では $n \geqq 2$ とする。

(1) $\displaystyle\sum_{k=1}^{n} \frac{1}{\sqrt{k+2}+\sqrt{k+1}}$

(2) $\displaystyle\sum_{k=1}^{n} \frac{2}{(k+1)(k+3)}$

PRACTICE (重要) **26** 次の和を求めよ。ただし, (2) では $n \geqq 2$ とする。

(1) $\displaystyle \sum_{k=1}^{n} \frac{1}{\sqrt{k+4} + \sqrt{k+3}}$

(2) $\displaystyle \sum_{k=1}^{n} \frac{2}{(k+2)(k+4)}$

重要 例題 27

数列 $\dfrac{1}{1\cdot2\cdot3}$, $\dfrac{1}{2\cdot3\cdot4}$, $\dfrac{1}{3\cdot4\cdot5}$, ……, $\dfrac{1}{n(n+1)(n+2)}$ の和 S を求めよ。

PRACTICE (重要) **27** 数列 $\dfrac{1}{1\cdot4\cdot7}$, $\dfrac{1}{4\cdot7\cdot10}$, $\dfrac{1}{7\cdot10\cdot13}$, ……, $\dfrac{1}{(3n-2)(3n+1)(3n+4)}$ の和 S を

求めよ。

52

重要 例題 28

次の連立不等式の表す領域に含まれる格子点 (x 座標, y 座標がともに整数である点) の個数を求めよ。ただし, n は自然数とする。

(1) $x \geqq 0$, $y \geqq 0$, $x + 2y \leqq 2n$

(2) $x \geqq 0$, $y \leqq n^2$, $y \geqq x^2$

PRACTICE (重要) **28**　次の連立不等式の表す領域に含まれる格子点の個数を求めよ。ただし，n は自然数とする。

(1)　$x \geqq 0$, $y \geqq 0$, $x + 3y \leqq 3n$

(2)　$0 \leqq x \leqq n$, $y \geqq x^2$, $y \leqq 2x^2$

4. 漸化式

基本 例題 29

次の条件によって定められる数列 $\{a_n\}$ の一般項を求めよ。

(1) $a_1 = 4$, $a_{n+1} = a_n + 5$

(2) $a_1 = 2$, $a_{n+1} = 3a_n$

(3) $a_1 = 1$, $a_{n+1} = a_n + 4^n$

PRACTICE (基本) **29** 次の条件によって定められる数列 $\{a_n\}$ の一般項を求めよ。

(1) $a_1 = 1$, $a_{n+1} = a_n - 3$

(2) $a_1 = -1$, $a_{n+1} + a_n = 0$

(3)　$a_1 = 6$,　$a_{n+1} = a_n + n^2 - n + 2$

(4)　$a_1 = 5$，$a_{n+1} - a_n = 3 \cdot 2^n$

基本 例題 30

次の条件によって定められる数列 $\{a_n\}$ の一般項を求めよ。

$$a_1 = 4, \quad a_{n+1} = 2a_n - 1$$

PRACTICE (基本) **30**　次の条件によって定められる数列 $\{a_n\}$ の一般項を求めよ。

(1)　$a_1 = 6$,　$a_{n+1} = 3a_n - 8$

(2)　$a_1 = 1$,　$a_{n+1} = 2a_n + 5$

基 本 例題 31

次の条件によって定められる数列 $\{a_n\}$ の一般項を求めよ。

$$a_1 = 3, \quad a_{n+1} = 2a_n - n$$

PRACTICE (基本) **31** 次の条件によって定められる数列 $\{a_n\}$ の一般項を求めよ。

(1) $a_1 = 2$, $a_{n+1} = 2a_n - 2n + 1$

(2) $a_1 = 3$, $a_{n+1} + 3a_n = 4(2n - 1)$

基本 例題 32

次の条件によって定められる数列 $\{a_n\}$ の一般項を求めよ。

$$a_1 = 3, \quad a_{n+1} = 2a_n - 3^{n+1}$$

PRACTICE (基本) **32**　次の条件によって定められる数列 $\{a_n\}$ の一般項を求めよ。

(1)　$a_1=5$,　$a_{n+1}=3a_n+2\cdot5^{n+1}$

(2)　$a_1 = 1$,　$8a_{n+1} = a_n + \dfrac{3}{2^n}$

基本 例題 33

次の条件によって定められる数列 $\{a_n\}$ の一般項を求めよ。

(1) $a_1 = 1$, $\dfrac{1}{a_{n+1}} - \dfrac{1}{a_n} = 3^{n-1}$

(2) $a_1 = \dfrac{1}{4}$, $a_{n+1} = \dfrac{a_n}{3a_n + 1}$

PRACTICE (基本) **33** 次の条件によって定められる数列 $\{a_n\}$ の一般項を求めよ。

(1) $a_1 = 1$, $\dfrac{1}{a_{n+1}} - \dfrac{1}{a_n} = 3n - 2$

(2) $a_1 = \dfrac{1}{2}$, $a_{n+1} = \dfrac{a_n}{4a_n + 5}$

基本 例題 34

数列 $\{a_n\}$ において，初項から第 n 項までの和 S_n と a_n の間に，

$S_n = -2a_n - 2n + 5$ の関係があるとき

(1) 初項 a_1 を求めよ。

(2) a_n，a_{n+1} の 2 項間の関係式を求めよ。

(3) 数列 $\{a_n\}$ の一般項を求めよ。

PRACTICE (基本) **34** 数列 $\{a_n\}$ の初項から第 n 項までの和 S_n が，関係式 $S_n = -2a_n + 4n$ を満たすとき

(1) 初項 a_1 を求めよ。

(2) a_n，a_{n+1} の 2 項間の関係式を求めよ。

(3) 数列 $\{a_n\}$ の一般項を求めよ。

基本 例題 35

平面上に n 個の円があって，それらのどの2個の円も互いに交わり，3個以上の円は同一の点では交わらない。これらの円は平面をいくつの部分に分けるか。

PRACTICE (基本) **35** $n \geqq 2$ とする。平面上に n 個の円があって，それらのどの2個の円も互いに交わり，3個以上の円は同一の点では交わらない。これらの円によって，交点はいくつできるか。

基本 例題 36

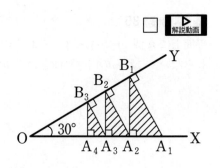

右の図において，∠XOY＝30°，$OA_1 = 2$，$OB_1 = \sqrt{3}$ と
する。∠XOY の 2 辺 OX，OY 上にそれぞれ点 A_2，A_3，
…… および点 B_2，B_3，…… を，「B_1A_2，B_2A_3，B_3A_4，
…… はすべて OX に垂直であり A_2B_2，A_3B_3，…… はすべ
て OY に垂直」であるようにとる。$\triangle A_nB_nA_{n+1}$ の面積を
a_n とするとき，数列 $\{a_n\}$ の，初項から第 n 項までの和を求
めよ。

PRACTICE (基本) **36**　AC＝2，BC＝3，∠C＝90° の直角三角形
ABC の内部に，図のように正方形 D_1，D_2，D_3，…… を次々に
作る。正方形 D_n の面積を S_n で表すとき，数列 $\{S_n\}$ の，初項か
ら第 n 項までの和を求めよ。

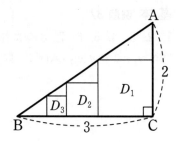

基本 例題 37

1, 2, 3, 4, 5, 6, 7, 8 の数字が書かれた 8 枚のカードの中から 1 枚取り出してもとに戻すことを n 回行う。この n 回の試行で，数字 8 のカードが取り出される回数が奇数である確率 p_n を n の式で表せ。

PRACTICE (基本) **37**　さいころを n 回投げるとき，6 の目が出た回数を X とし，X が偶数である確率を P_n とする。

(1)　P_1, P_2 を求めよ。

(2)　P_{n+1} を P_n を用いて表せ。

(3)　P_n を求めよ。

重要 例題 38

解説動画

次の条件によって定められる数列 $\{a_n\}$ の一般項を求めよ。

$$a_1 = 1, \quad a_{n+1} = 2a_n{}^2$$

PRACTICE (重要) **38**　数列 $\{a_n\}$ を $a_1=1$, $a_{n+1}=2^{2n-2}(a_n)^2$ $(n=1, 2, 3, \cdots\cdots)$ により定める。

(1)　$b_n=\log_2 a_n$ とする。b_{n+1} を b_n で表せ。

(2)　数列 $\{b_n\}$ の一般項を求めよ。

(3)　数列 $\{a_n\}$ の一般項を求めよ。

重要 例題 39

$a_1=1$, $a_{n+1}=\dfrac{a_n-9}{a_n-5}$ で定められる数列 $\{a_n\}$ がある。

(1) $b_n=\dfrac{1}{a_n-3}$ とおくとき，b_{n+1} を b_n で表せ。ただし，すべての自然数 n に対して $a_n \neq 3$ である。

(2) 一般項 a_n を求めよ。

PRACTICE (重要) **39** $a_1=1$, $a_{n+1}=\dfrac{a_n-4}{a_n-3}$ で定められる数列 $\{a_n\}$ がある。

(1) $b_n=\dfrac{1}{a_n-2}$ とおくとき，b_{n+1} を b_n で表せ。ただし，すべての自然数 n に対して $a_n \neq 2$ である。

(2) 一般項 a_n を求めよ。

重要 例題 40

次の条件によって定められる数列 $\{a_n\}$ の一般項を求めよ。

(1) $a_1 = 1,\ \dfrac{a_{n+1}}{n} = \dfrac{a_n}{n+1}$

(2) $a_1 = 2,\ na_{n+1} = (n+1)a_n + 1$

PRACTICE (重要) **40**　次の条件によって定められる数列 $\{a_n\}$ の一般項を求めよ。ただし，(2) では

$b_n = \dfrac{a_n}{n(n+1)}$ を利用して求めよ。

(1)　$a_1 = 2$，$3na_{n+1} = (n+1)a_n$

(2) $a_1 = 2$, $a_{n+1} = \dfrac{n+2}{n} a_n + 1$

重 要 例題 41

次の条件によって定められる数列 $\{a_n\}$ の一般項を求めよ。

$$a_1 = 1, \quad a_2 = 2, \quad a_{n+2} - a_{n+1} - 12a_n = 0$$

PRACTICE (重要) **41** 次の条件によって定められる数列 $\{a_n\}$ の一般項を求めよ。

(1) $a_1=1$, $a_2=3$, $a_{n+2}+a_{n+1}-6a_n=0$

(2) $a_1=0$, $a_2=1$, $a_{n+2}-4a_{n+1}+3a_n=0$

重要 例題 42

解説動画

次の条件によって定められる数列 $\{a_n\}$ の一般項を求めよ。

$$a_1 = 0, \quad a_2 = 2, \quad a_{n+2} - 4a_{n+1} + 4a_n = 0$$

PRACTICE (重要) **42** 次の条件によって定められる数列 $\{a_n\}$ の一般項を求めよ。

$$a_1 = 1, \quad a_2 = 6, \quad a_{n+2} - 6a_{n+1} + 9a_n = 0$$

解説動画

重 **要** **例題 43**

数列 $\{a_n\}$, $\{b_n\}$ が次のように定められるとき，次の問いに答えよ。

$$a_1 = 4, \quad b_1 = 1, \quad a_{n+1} = 3a_n + b_n \quad \cdots\cdots ①, \quad b_{n+1} = a_n + 3b_n \quad \cdots\cdots ②$$

(1) 数列 $\{a_n + b_n\}$, $\{a_n - b_n\}$ の一般項を求めよ。

(2) 数列 $\{a_n\}$, $\{b_n\}$ の一般項を求めよ。

PRACTICE (重要) **43** 次の関係式で定まる 2 つの数列 $\{a_n\}$ と $\{b_n\}$ がある。

$$a_1 = 1, \quad b_1 = 2, \quad a_{n+1} = a_n + 2b_n \ \cdots\cdots ①, \quad b_{n+1} = 2a_n + b_n \ \cdots\cdots ②$$

(1) 数列 $\{a_n + b_n\}$, $\{a_n - b_n\}$ の一般項を求めよ。

(2) 数列 $\{a_n\}$, $\{b_n\}$ の一般項を求めよ。

重要 例題 44 □ ▶解説動画

硬貨を1枚投げ，表が出たときは1点，裏が出たときは2点を得る。この試行を n 回繰り返して得られた点の合計を3で割ったとき，余りが0となる確率を a_n，余りが1となる確率を b_n，余りが2となる確率を c_n とする。

(1) a_1, b_1, c_1 を求めよ。

(2) a_{n+1} を b_n と c_n を用いて表せ。

(3) a_{n+1} を a_n を用いて表せ。

(4) a_n を n を用いて表せ。

PRACTICE (重要) **44** n を自然数とする。n 個の箱すべてに，$\boxed{1}$，$\boxed{2}$，$\boxed{3}$，$\boxed{4}$，$\boxed{5}$ の 5 種類のカードがそれぞれ 1 枚ずつ計 5 枚入っている。おのおのの箱から 1 枚ずつカードを取り出し，取り出した順に左から並べて n 桁の数 X_n を作る。このとき，X_n が 3 で割り切れる確率を求めよ。

5. 数学的帰納法

基本 例題 45

解説動画

n が自然数のとき，数学的帰納法によって，次の等式

$$1+3+3^2+ \cdots\cdots +3^{n-1}=\frac{1}{2}(3^n-1) \quad \cdots\cdots ①$$

を証明せよ。

PRACTICE (基本) **45**　すべての自然数 n に対して，次の等式が成り立つことを，数学的帰納法によって証明せよ。

$$1\cdot3+2\cdot4+3\cdot5+\cdots+n(n+2)=\frac{1}{6}n(n+1)(2n+7)$$

基本 例題 46

n は自然数とする。このとき $11^n - 1$ は 10 の倍数であることを，数学的帰納法によって証明せよ。

PRACTICE (基本) **46** すべての自然数 n について，$3^{3n} - 2^n$ は 25 の倍数であることを示せ。

基本 例題 47

$n \geqq 5$ を満たす自然数 n に対して，$2^n > n^2$ が成り立つことを数学的帰納法によって証明せよ。

PRACTICE (基本) **47** n が 10 以上の自然数であるとき，不等式 $2^n > 10n^2$ が成り立つことを数学的帰納法によって証明せよ。

基 本 例題 48

$a_1 = -1$, $a_{n+1} = a_n{}^2 + 2na_n - 2$ $(n = 1,\ 2,\ 3,\ \cdots\cdots)$ で定義される数列 $\{a_n\}$ について，一般項 a_n を推測し，それが正しいことを，数学的帰納法を用いて証明せよ。

PRACTICE (基本) **48** 数列 $\{a_n\}$ が $a_1=2$ と漸化式 $a_{n+1}=2-\dfrac{a_n}{2a_n-1}$ で定められている。

(1) a_2, a_3, a_4 を求め，一般項 a_n を表す n の式を推測せよ。

(2) (1) で推測した一般項の式が正しいことを，数学的帰納法によって証明せよ。

重要 例題 49

n は自然数とする。2 数 $x,\ y$ の和と積が整数ならば，$x^n + y^n$ は整数であることを数学的帰納法によって証明せよ。

PRACTICE (重要) **49**　$t = x + \dfrac{1}{x}$ とおくと，すべての自然数 n について $x^n + \dfrac{1}{x^n}$ は t の n 次式になる

ことを数学的帰納法によって証明せよ。